JN100751

知っておこう!

いっしょに暮らす動物の健康・病気のこと

オールペットクリニック（A'alda グループ）
院長・獣医師
平林雅和 監修

トリ・ハムスター

保育社
HOIKUSHA

はじめに

みなさんの家はペットを飼っていますか？
身近にペットを飼っている人はいますか？

日本には、イヌやネコのほかに、
インコやブンチョウなどのトリ、
ハムスターを飼育している家庭がたくさんあります。

この本では、みなさんがトリやハムスターと、
少しでも長くいっしょにいられるように、
知っておいてほしいこと、
考えてほしいことをしょうかいしています。

どうしてトリは高く飛べるの？
ハムスターのほお袋はどのくらい入るの？

そのこたえは、この本の中にあります。

ペットは大切な家族です。
健康で、少しでも長く生きられるように、
トリやハムスターの体のしくみや役割、
病気のことなどを学んで、毎日のお世話にいかしてください。

知っておこう！
いっしょに暮らす動物の健康・病気のこと トリ・ハムスター
もくじ

この本の内容や情報は、制作時点（2023年11月）のものであり、今後変更が生じる可能性があります。

トリの体のしくみ

目

視力がよく、速く動くときにも、周りがはっきりと見えます。動いている物を見つけるのも得意です。

鼻

くちばしの上のほうに2つの穴があいていて、ここから空気を吸ったりはいたりします。

羽毛

トリの体は正羽、綿羽、毛羽の３種類の羽毛でおおわれています。生えている場所によって名前や役割がちがいます。羽は何度も生えかわります。

くちばし

口の中に歯はありません。くちばしで食べものを小さくくだいて、そのまま飲みこみます。

足

ヒトの足の指にあたる部分を「あしゆび」といいます。ブンチョウは、前に３本・うしろに１本あって、これをうまく使ってピョンピョンとはねながら歩きます。「あしゆび」の数や形は、トリの種類によってちがいます。

尾羽

飛ぶときにバランスをとったり、止まるときにブレーキをかける役目をします。

足のひみつ

トリの足はヒトとはちがう特別な構造になっています。力をかけなくても止まり木をにぎり続けられるため、長い時間木に止まっていられるのです。

インコは前とうしろに２本ずつあしゆびがある。

トリは、羽をはばたかせ、空を飛ぶことができる生きものです。はじめに、トリの体のつくりや機能について知っておきましょう。

全体がよく見える目

トリの眼球はとても大きく、左右の目は、脳よりも重いといわれます。眼球の表面は平らなので、ヒトよりも広く見渡すことができます。

また、左右の目を別々に動かして、それぞれちがう物を見ることもできます。これらの目の機能は、いろいろな方向から来る敵をすばやく発見したり、エサを見つけたりすることに役立ちます。

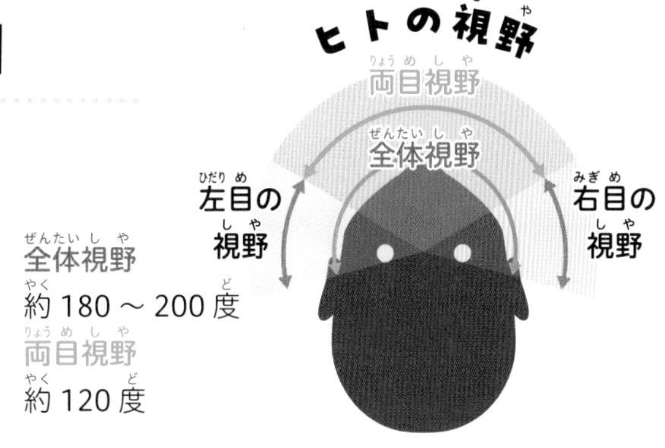

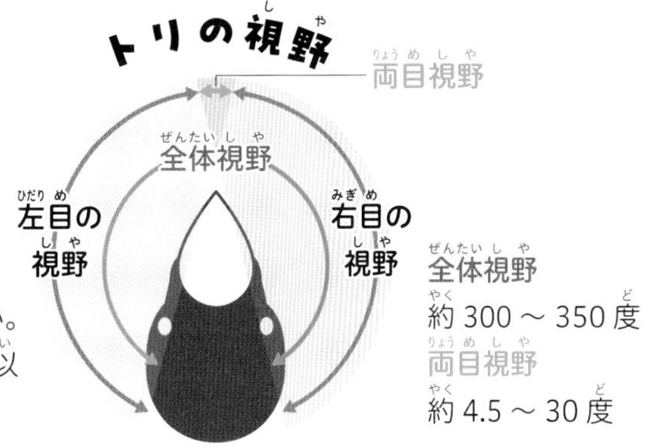

トリの両目視野は、とてもせまい。しかし全体視野は広く、真うしろ以外ほとんど見える。

いろいろな役目をする羽

トリは、羽をうまく使いこなして生活しています。つばさに生えている羽は、飛ぶときの動きを助けます。また、体を包んでいる羽は、雨やどろをはじいたり、外からの刺激や障害物などから身を守ったりしています。

羽の中でも、綿羽というふわふわした部分は、空気をたっぷりふくむため、保温力が高いのが特徴です。この綿羽をふくらませて、冬は温かくすごすことができます。

くわしく知ろう 体

トリの体は、ヒトとどんなところがちがうのでしょうか。不思議がいっぱいのトリのことを、くわしく見てみましょう。

トリとヒト

（サクラブンチョウのオスと18歳男性の場合）

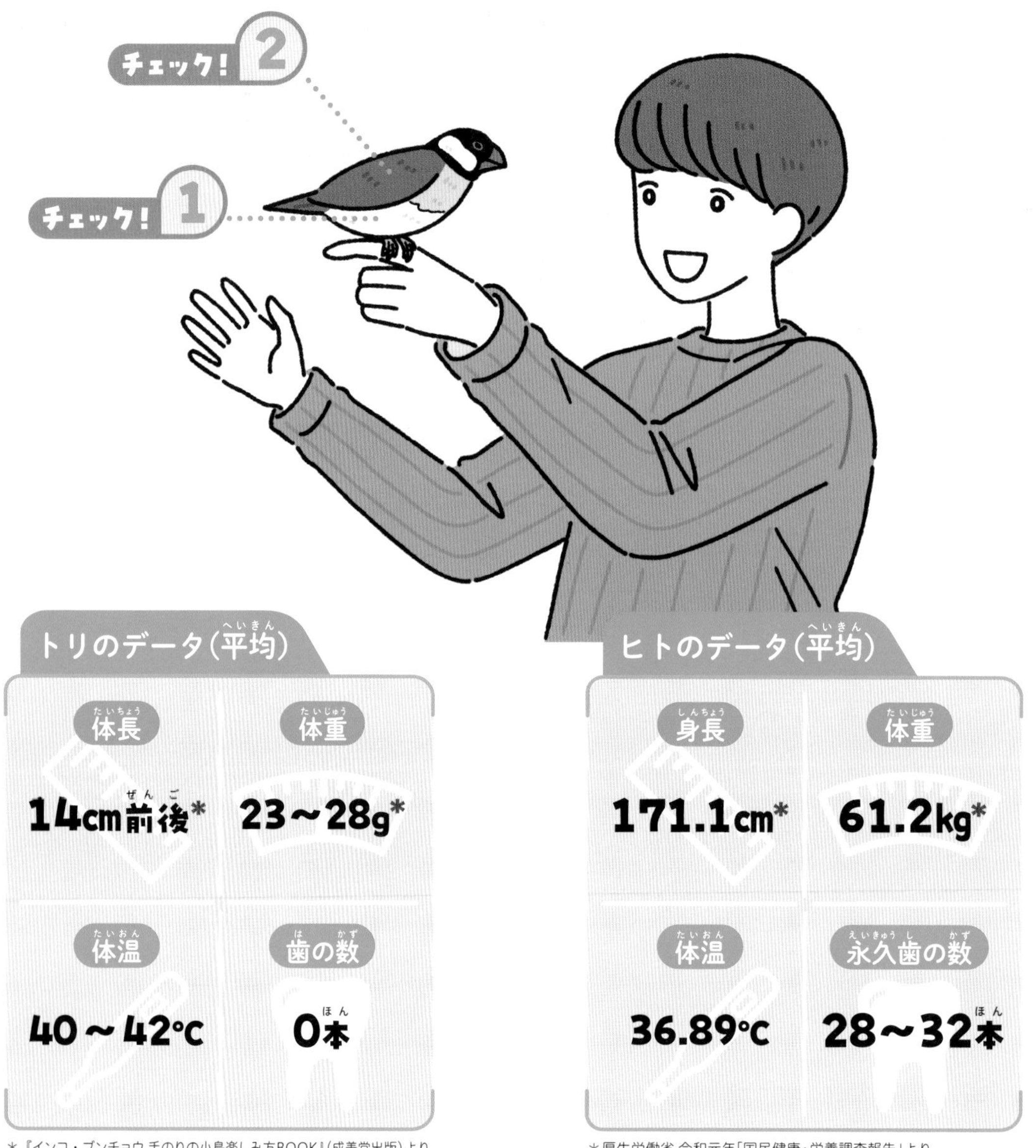

＊『インコ・ブンチョウ 手のりの小鳥楽しみ方BOOK』（成美堂出版）より

＊厚生労働省 令和元年「国民健康・栄養調査報告」より

① 空を飛ぶための軽い体

トリの体は、空を飛ぶために特別なつくりになっています。大きなつばさを動かすために胸の筋肉（胸筋）が発達していて、また、含気骨という空気をふくんだ構造をもつ軽い骨になっています。

内臓には、「そのう」という食べたものをふやかす器官と、腺胃と筋胃の２つの胃があります。トリは歯がないため、そのうと胃をうまく使って、食べものを消化しています。消化と吸収した残りは、体にためずにすぐにフンとして外に出します。そのため、大腸が短くなっているのも特徴です。トリは、消化のしくみも体が重くならないようにできています。

② 複雑な呼吸器

ヒトは、息を吸うときに肺がふくらんで酸素を取り込み、しぼんで二酸化炭素をはき出す呼吸のしくみです。しかしトリは、息を吸ってもはいても酸素を取り込める肺のしくみになっています。

息を吸うと、「気のう」という肺につながったふくろが２つふくらみ、ふくらんだ空気から酸素を吸います。はくときは、吸ったときにふくらんだ気のうから酸素を取り込んで、二酸化炭素をはき出します。トリの肺は常に新しい空気が取り込めるため、飛び続けていても息が苦しくならないのです。

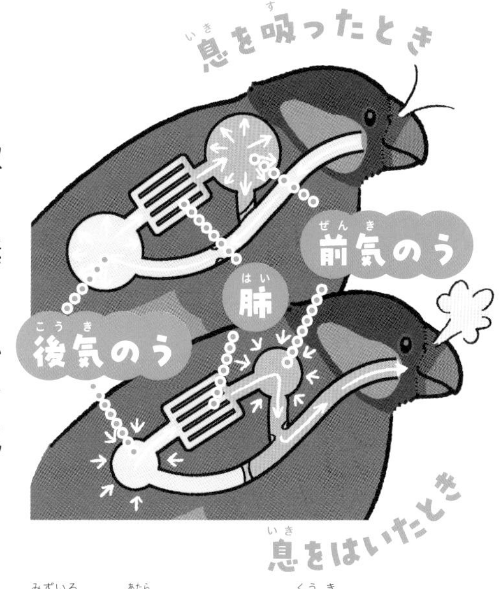

水色……新しいきれいな空気
ピンク色……古くなった空気

ヒトとトリの年齢の比較

ヒト	9歳	12歳	20歳	26歳	50歳	74歳	90歳
トリ（ブンチョウ）	1か月	4か月	1歳	2歳	6歳	8歳	10歳

1年ほどでおとなになる

8～10歳が平均寿命

トリの状態を見てみよう

定期的にチェックしておこう

チェックシート

1 目

- 眼球が透明でにごっていない。
- 目の周りや白目が赤くない。
- 目の周りにあぶらや分泌物が多くない。
- まぶたに腫れがなく、ぱっちりと開いて閉じることができる。

2 くちばし

- 長くのびていない。
- 割れやひびが入っていない。
- 上と下のくちばしがしっかりかみ合っている。ゆがんでいない。
- 全体が同じ色ではっきりとしている。

3 羽

- つやがある。
- 羽がぬけてまだらになっている部分がない。
- 色にむらがない。

4 フン

- 小さく盛り上がっている。
- 白いおしっこと、緑〜茶色のフンが混ざり合ってフンに見える。

5 足

- 関節がいつもどおり動く。
- 両足で立てている。
- 止まり木につかまっていることをいやがらない。

トリが病気になると、健康なときと様子がかわります。トリの体をよく観察し、病気についても知っておきましょう。

トリの病気を知ろう

トリの病気の原因は、ストレスや飼育する環境、食生活などさまざまです。特に、消化器（そのうや胃など）や呼吸器（気のうや肺など）の病気になりやすくなっています。また、卵が卵管につまってしまったり、卵管の中で卵が割れてしまったりする生殖器の病気も多くなっています。

トリがかかりやすい病気

- 全身性の病気
- 消化器の病気
- 呼吸器の病気
- 生殖器の病気
- 皮ふの病気

『アニコム家庭どうぶつ白書 2022』をもとに作成

消化器の病気　胃腸炎

トリが胃腸炎になると、じっとしている時間がふえたり、水ばかり飲んでげりをしたりします。また、食道にある「そのう」は炎症を起こしやすい器官です。ごはんと水はかならず毎日とりかえて、容器をきれいに保ち、トリの体の中に病原菌を入れないようにすることが大切です。

呼吸器の病気　鼻炎・副鼻腔炎

トリにもヒトと同じようにくしゃみや鼻水など「かぜ」のような症状が見られることがあります。細菌や真菌、ウイルスや寄生虫が体の中に入って、鼻腔や副鼻腔に炎症が起きるためです。体温が下がる、ごはんを食べなくなる、鼻の横に膿がたまって腫れることもあります。

これって病気？

くちばしが変形 色がうすい

青白い色や、線や段が入る、くちばしがのびている場合も気をつけましょう。

貧血、栄養障害、肝臓の病気　など

あくびをする

ヒトの前で何度もあくびをしているときは、のどに違和感を感じているなどの可能性があります。

口、のど、そのうの病気　など

くしゃみをする

病気でなくてもくしゃみをしますが、アレルギーや異物などの刺激、ストレスが関係しているのかもしれません。

呼吸器の病気、アレルギーなどの免疫の病気、異物による刺激や閉塞　など

いつもの時間に起きない

近づいてもじっと動かないときは、かなり体力が落ちているかもしれません。

さまざまな病気による体調不良

など

トリは、体の不調を言葉で伝えることができませんが、体のちょっとした変化に病気のサインが出ています。飼い主が気づくことができれば、早めに治療を始められます。

呼吸のときに音が聞こえる

「プチプチ」「キュッ」など、トリの出す音には注意が必要です。

呼吸器の病気、甲状腺の病気　　など

羽をふくらませている

長時間羽をふくらませている場合は、体が弱っているサインです。

感染症、甲状腺の病気、
呼吸器の病気　　など

おなかが出ている

おなかが不自然に出ていたり、うずくまる様子があれば注意が必要です。

こんな病気かも

心臓の病気、産卵にかかわる病気、
肝臓の病気、腫瘍、腹水　　など

体をかたむける

ふらつきや、片方の足に重心をかける行動も、病気によるものかもしれません。

耳の病気、脳や神経の病気、
関節の病気　　など

動物病院で健康チェック

1 問診・身体検査

飼い主に話を聞いて、体をチェック

健診を受けるのは、サクラブンチョウのオス。先生は、トリの健康状態や生活習慣について飼い主に質問していきます。また、骨格や肉付き、つばさの状態、羽毛の様子、足や指に異常がないかなどを、目で見たりふれたりしながら確認します。

2 体重測定

ごはんや運動量を体重で確認

トリをケースに入れて体重を量ります。トリは病気になるとすぐに体重が落ち始めるため、体重の管理はとても大切です。また、食べすぎや運動不足で太りすぎると、病気になりやすくなります。家でも体重を測定し、記録しておきましょう。

5 便検査

フンから体の中のことがわかる

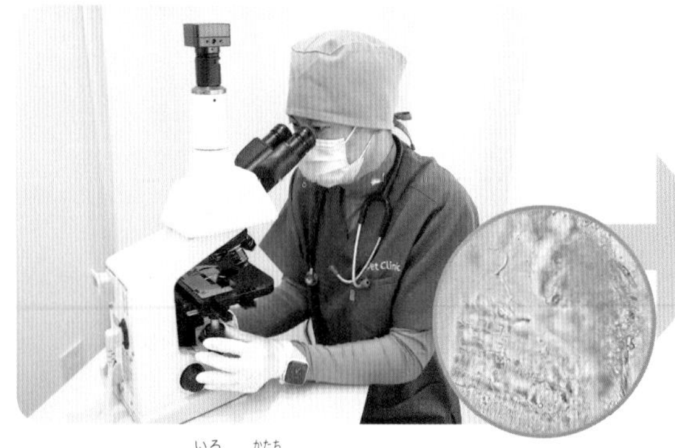

トリのフンの色や形などをチェックします。フンを見ると、ごはんの量が適切か、内臓の病気にかかっていないかなどがわかります。さらに、顕微鏡を使ってカビや寄生虫などがかくれていないかを調べます。

6 結果説明

結果を聞いて、健康状態を相談する

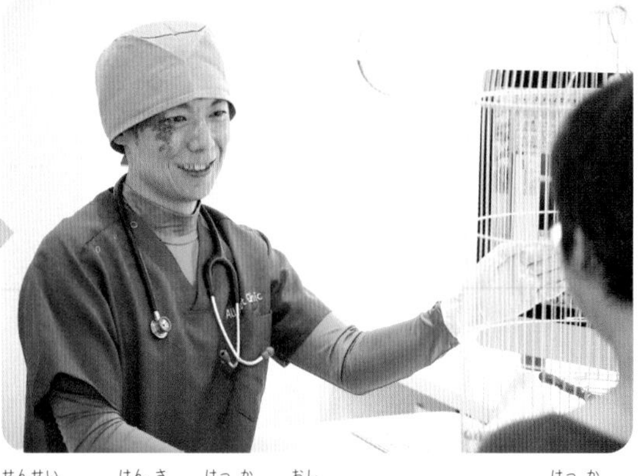

先生から検査の結果を教えてもらいます。結果をもとに、これからの飼育方法や、ごはんの種類などについて相談します。もし病気が見つかった場合は、どのように治療していくかを話し合います。

トリは弱っていても元気なそぶりを見せる習性があり、病気になっていても気づきにくいといわれます。定期的に病院で健康状態をチェックし、病気のサインを見のがさないようにしましょう。

＊検査内容は病院によってことなります。

③ そのう検査

食道のおくまでしっかり調べる

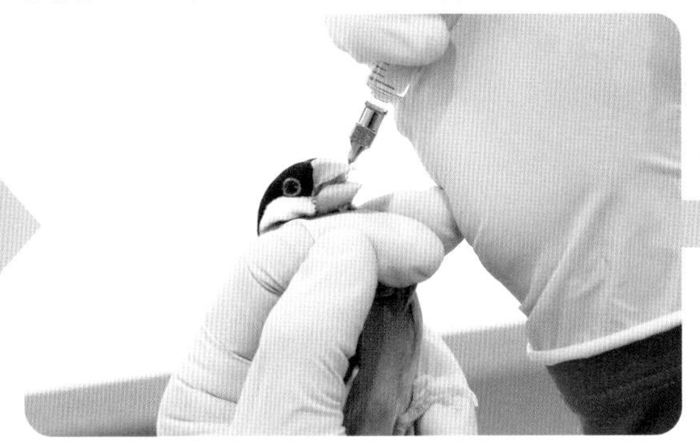

トリは、食道の一部が広がった「そのう」というふくろのような器官をもちます。ここに菌がたまると、さまざまな病気の原因となります。口から細い管を入れ、そのう液をとって、病原体や炎症がないかチェックします。

④ 口の中や目をチェック

スコープですみずみまで見る

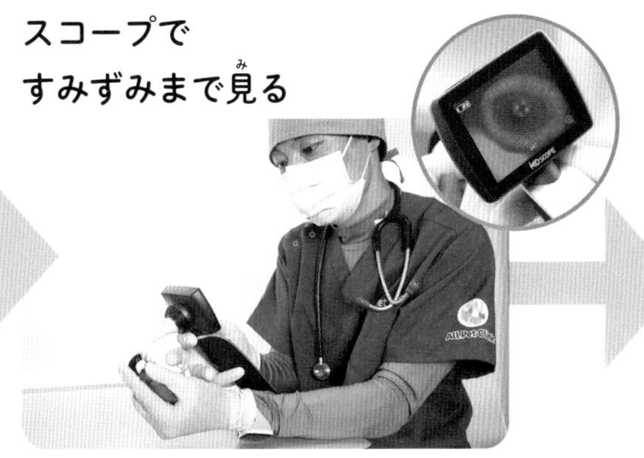

口の中に異常がないか、まぶたや結膜に炎症などがないかを、スコープという器具を使って拡大して診察します。トリがよくかかる呼吸器の病気・副鼻腔炎などがあると、結膜や目の周りが腫れたりします。

トリの健康を守るために、飼い主が一日でも早く、病気に気づいてあげることが大事です。
日ごろから体やフンの様子をよく観察して、少しでもおかしいと感じたら、かかりつけの病院に行くことを心がけましょう。

オールペットクリニック
平林雅和先生

トリからヒトにうつる「病気」に注意

たとえば、オウム病にかかったトリのフンと知らずにふれたり、まちがってヒトの体の中に入ってしまったりすると、高熱や肺炎のような症状を引き起こします。

トリと安心して暮らすために、健康診断のときにオウム病のようなヒトにもうつる病原体の検査もしておきましょう。

トリのごはん

シードを主食にペレットをプラスする

トリのごはんは、シードとよばれる穀物をまぜ合わせたものを主食にするのが一般的です。シードには、ヒエ、アワ、キビをまぜ合わせたもののほかに、オーツ麦、ソバの実などの単体のものもあります。どのシードをあたえる場合も、殻がついた状態のものにしましょう。殻がついたものは、殻をむいたものより栄養がたくさんふくまれています。

シードだけでは不足してしまう栄養素は、ペレットでプラスします。ペレットは、こまかくくだいた穀物に、栄養成分を足してかためたつぶ状のごはんです。シードよりも消化しやすいのが特徴です。

おやつは量とタイミングを考えて

トリの健康にとって必要な栄養は、シードとペレットでじゅうぶんにとることができます。しかし、飼い主とトリがもっと仲よくなるために、おやつをあげてコミュニケーションをとることも大切です。

トリの誕生日や、じょうずに飛べたときなど記念日やごほうびのタイミングに、おやつをあげてみましょう。シードをまぜ合わせてかためたビスケットのようなものが定番です。穂についたままのアワは、おもちゃのように遊ぶこともできます。

おやつで健康をそこなわないように注意する。

トリの健康な体は、バランスのよいごはんからつくられます。ヒエやアワなどの穀物、野菜などの副食を組み合わせて、いろいろなメニューを考えてみましょう。

副食で栄養を補う

週に1～2回を目安に、副食をあげてごはんの栄養バランスを整えることも大事です。また、バラエティー豊かな食事メニューは、トリに食べる楽しみをあたえることにもなります。

青菜には、ビタミンがたっぷりふくまれています。こい緑色をした小松菜やチンゲンサイがおすすめです。

ビタミンが豊富なくだものは、トリとコミュニケーションをとるためにあげるのもよいでしょう。ただし、糖質が多いため、あげすぎには注意します。

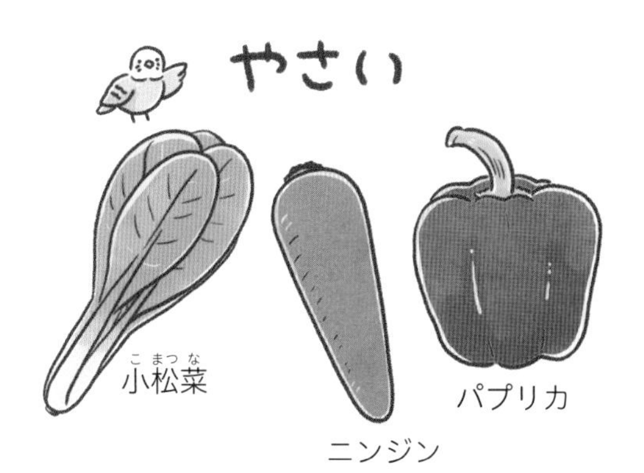

ナシ、リンゴ、サクランボの種は取りのぞくこと。

口に入れたらキケン！

トリがあやまって食べてしまうと、命にかかわるものがあります。ケージの近くに置かないようにするなど、危険なものがトリの口に入らないように気をつけましょう。

すべての野菜やくだものをあげていいわけではなく、なかには食べてはいけないものもあります。もし、トリが右のイラストにあるものを食べたり飲んだりしてしまったら、すぐに病院に相談しましょう。

運動とお手入れ

部屋の中で遊ばせる

トリをずっとケージの中にとじこめていると、運動不足から太ったり、ストレスがたまったりしてしまいます。時間を決めて部屋の中に放して、自由に遊ばせてあげましょう。そのとき飼い主は、トリから目をはなさないように注意して、様子をよく観察するようにします。

また、つめがのびていると、ひっかかるなどしてケガにつながります。止血剤を用意して、つめを切りましょう。つめがけずれやすい止まり木を使うのもおすすめです。

つめは動物病院やペットショップで切ってもらうこともできる。

部屋はきちんとかたづけよう

部屋の中には、トリがケガをしてしまう危険がたくさんあります。遊ばせる部屋を決めたら、しっかりと窓やドアをしめ、きれいにかたづけましょう。また、エアコンや家具のすきまをふさいで、中に入りこめないようにすることも大切です。

キッチンやストーブの周りなど、火のある場所には、ぜったいにトリを近づけてはいけません。やけどをしてしまいます。

運動や体のお手入れは、トリにはなくてはならないものです。やり方やコツをチェックして、トリの生活の中にとり入れてあげましょう。

窓の近くで太陽を浴びさせる

太陽の光を浴びることで、トリはストレスを解消し、体内でビタミンD3をつくって骨の健康を保ちます。直射日光をさけて、レースカーテン越しの窓辺などに1日30分ほどケージを移動させましょう。

トリは、温度差によって体調をくずしやすいので、冬の寒い日には、エアコンの空気が部屋にしっかり行き渡っているかチェックして、はだ寒い場所にケージを移動させないようにしましょう。

水浴びで羽をきれいに

トリは水浴びが大好きです。容器に水を入れて、水浴びをさせる習慣をつくってあげることも大切です。水浴びは部屋の中で遊ばせるときに行います。水浴びをすることで、羽についたよごれや寄生虫などをきれいに落とすこともできます。

また、トリの羽の表面は皮脂によって守られています。お湯に入るととれてしまうので、寒い日でも水で行うようにしましょう。

トリの暮らしを守ろう

光・温度・湿度を管理する

トリは、私たちと同じように、昼間に活動して夜ねむる生きものです。夜に、ケージを置いている部屋の電気をつけるときは、ケージに布をかぶせて、光が入らないようにくふうします。

トリは寒さや温度差に弱いので、部屋の温度をなるべく一定に保つことが大事です。温度は一般的に 25 ～ 30℃くらい、湿度は 40 ～ 60%ぐらいが適しています。最高最低温湿度計を部屋に置いて 1 日の気温の変化をチェックし、エアコンなどであたたかくしましょう。

複数のトリを飼うときは

トリは、パートナーだと決めた相手を大事にするといわれています。同じケージの中で 2 羽以上飼うことで、生活リズムが整えられたり、楽しみがふえたりします。

しかし、トリの数がふえると、だれのフンかわからなかったり、食べたごはんの量もわかりにくくなることもあります。また、性格や相性が悪いとけんかをしてしまうこともあります。もし、ケガをするほど大きなけんかが起きたら、ケージを分けて様子を見ましょう。

トリの暮らしを守ることは、飼い主の大事な役割です。まずは、ケージや周りの環境を整えましょう。これには、トリが病気になる可能性やストレスを減らす効果もあります。

ケージと水はきれいに

トリが生活するケージは、フンや食べこぼしたごはんなどでよごれます。毎日、ケージのそうじをして、清潔に保つことで、トリの体に菌が入るのを防ぐことができます。

水は、毎朝かえることが大切です。水を入れる容器は、水あかがつかないように、しっかり洗うようにします。トリがケージに慣れるまでは、水をよごしやすいので、朝と夕方の2回、かえるようにしましょう。

もしものときに備えよう

台風や地震などの災害はいつ起きるかわかりません。もし起きても、トリと安全にすごせるように、防災グッズをそろえておきましょう。災害が起きても困らないように、最低でも1週間分のごはんと水があると安心です。

ごはんや水には、賞味期限があります。順番に使って新しいものを買い足して、いつも新しいものを用意しておくようにします。移動に使うキャリーバッグといっしょに、すぐ取り出せる場所にしまっておきましょう。

年をとってからの飼い方

8歳のサクラブンチョウ

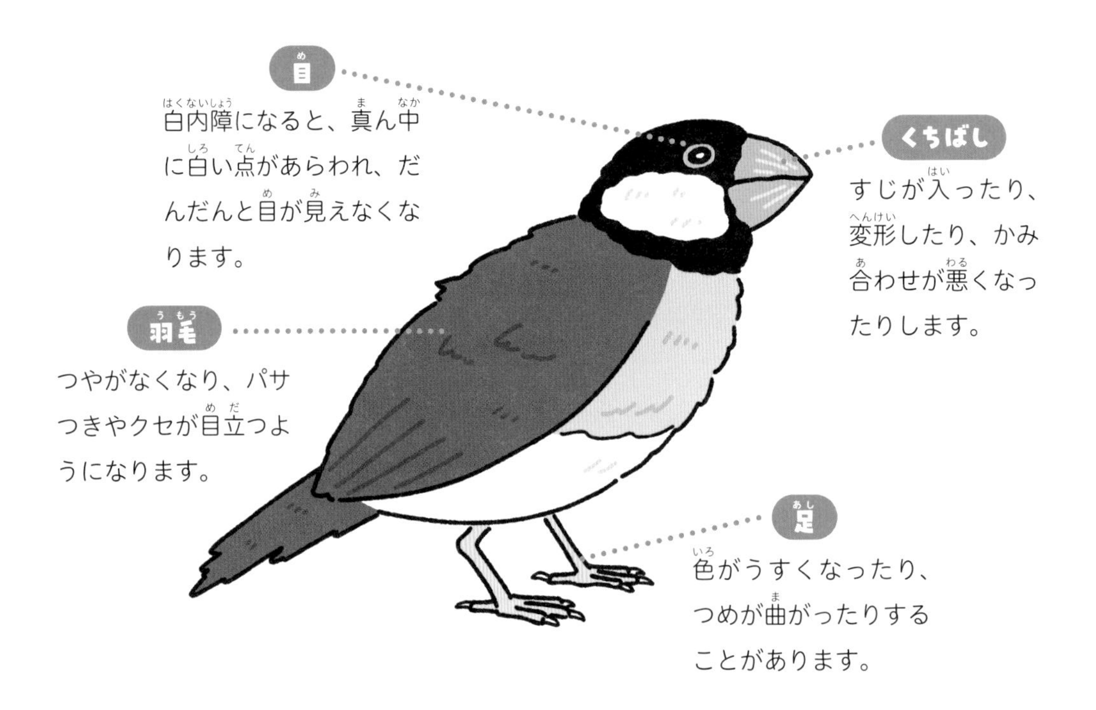

遊ばせるときは目をはなさない

年をとったトリは、いつ体調が悪くなってもおかしくありません。若いときには簡単にできていたことが、体が弱ってできなくなってしまうこともあります。遊ばせるときには、「毎日やっていることだから」と安心せずに、見守りを忘れないようにします。動きが少なく元気がないときは、遊ぶ時間を短くして休ませてあげましょう。

年をとったトリの体には、いろいろな変化があらわれます。トリが8歳をすぎたら、飼い方を見直しましょう。

止まり木の高さや素材をかえる

トリは、年をとると足の力が弱くなり、止まり木につかまることがむずかしくなります。高い場所に止まり木があると、落ちてしまったときに、大きなケガにつながります。

止まり木を低い場所につけかえたり、少し太いものにかえたりするなど、トリの体が安定するようにケージのレイアウトを考えましょう。また、くちばしやつめがけずられる、セメントなどの素材の止まり木やパーツをいっしょに入れてあげると、けがの防止につながります。

食欲に合わせたごはんをあげる

トリがごはんを残すようになったら、量や種類を見直すタイミングです。年とともに体がつかれやすくなると、運動する時間も量も落ちていきます。そのため、若いときと同じ食事の量では、多すぎることがあるのです。

また、内臓の機能も弱くなるため、食欲がない日が多くなります。小さなつぶや、やわらかいつぶのペレットを選んだり、今までコミュニケーションに使っていたおやつを混ぜ合わせたりして、くふうしてごはんをあげるようにしましょう。

ハムスターの体のしくみ

耳

ヒトには聞きとることができない音をキャッチできます。

目

夜行性なので暗いところでものを見るのは得意です。しかし、近眼のため遠くのものはほとんど見えません。

ひげ

鼻の横にたくさんはえていて、長くのびています。

しっぽ

短い毛におおわれています。しっぽでバランスをとる必要がないため、短くなったといわれています。

鼻

とても敏感ににおいをかぎ分けることができます。いつも鼻をひくひくと動かしています。

歯

色は黄色っぽく、4本の前歯は長くのびています。あごが小さいため、歯の数はヒトの半分ほどしかありません。

うしろ足

指の数は5本で、しっかりと地面をふみしめて立つことができます。

前足

指の数は4本で、ごはんを食べたり、毛づくろいをしたりするときなどに使います。

鼻とひげのひみつ

ハムスターは、目や耳に加えて、他の器官を使って大切な情報を得ています。よくきく鼻でわずかなにおいの変化をかぎとり、ひげで空気の流れを感じながら、身の周りに危険なことがないかを判断しています。

ハムスターの体はとても小さいですが、パワフルに動き回る、かわいらしい動物です。どんな体のしくみをもっているのでしょうか。

一生のび続ける歯

ハムスターの前歯は、ずっとのび続けます。健康な状態であれば、自然にけずられて長くなりません。

しかし、病気になったり年をとって、かたいごはんを食べられなくなると、どんどんのびて、上下のかみ合わせが悪くなってしまいます。症状が進むと、のびた歯が折れたり、口の中にささったりしてしまうこともあります。歯がのびていないか定期的に観察しましょう。

食べものをつめられるほお袋

ハムスターが、ほお袋をぷくっとふくらませている場面を見たことがあるでしょうか？　ハムスターのほお袋は、よくのびるようにできています。そのため、たくさんの食べものをほおにつめて動くことができます。

ヒマワリの種なら、なんと50個ほど、ほお袋にしまいこむことができます。ほお袋は、左右それぞれにあり、口の周りから、肩のほうまで続いています。

体

ハムスターの体の特徴や成長のスピードについてチェックしてみましょう。小さくても機能的にできています。

ハムスターとヒト

（ゴールデンハムスターのオスと18歳男性の場合）

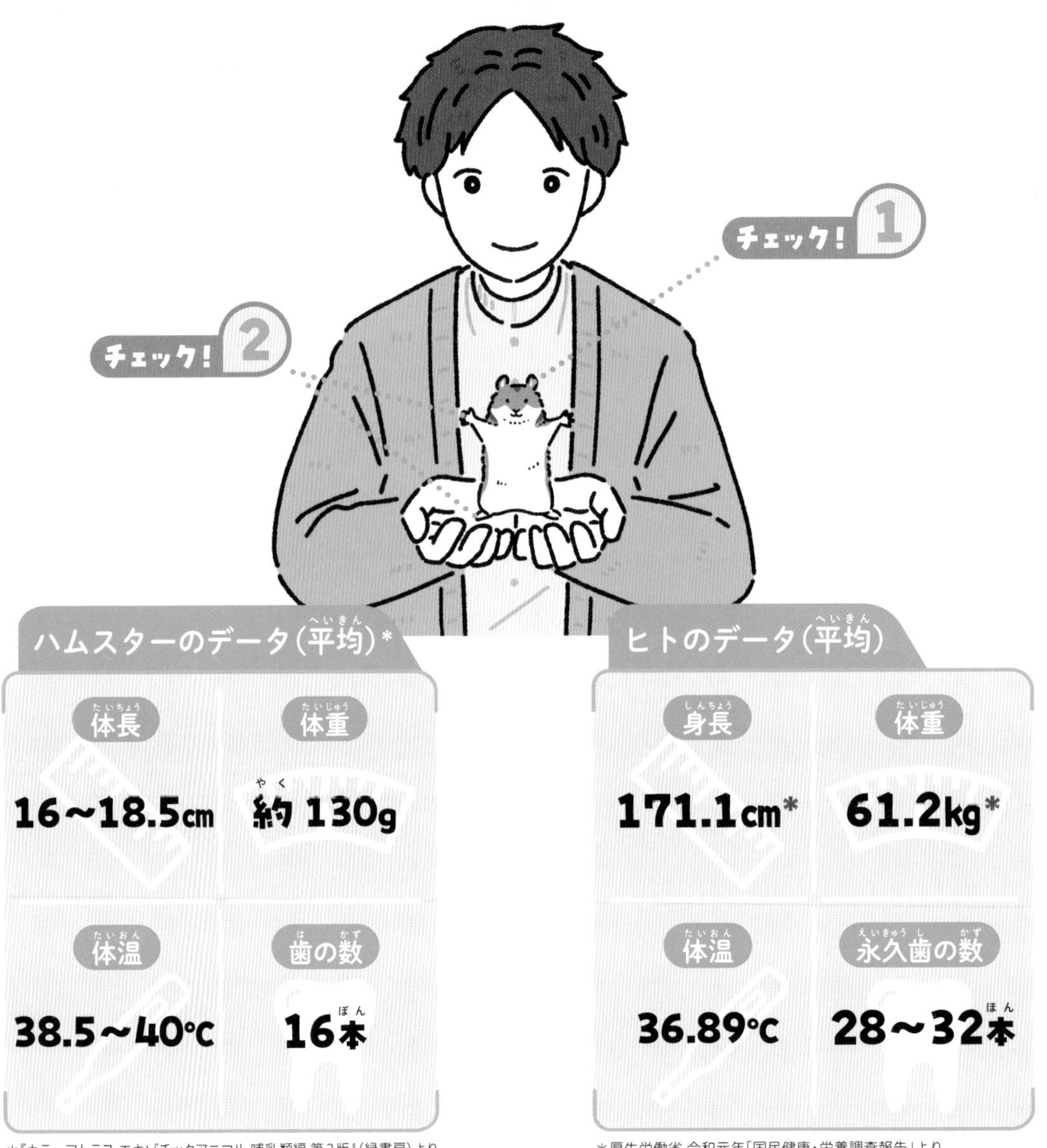

ハムスターのデータ（平均）*

体長	体重
16～18.5cm	約130g
体温	**歯の数**
38.5～40℃	16本

*『カラーアトラス エキゾチックアニマル 哺乳類編 第3版』（緑書房）より

ヒトのデータ（平均）

身長	体重
171.1cm*	61.2kg*
体温	**永久歯の数**
36.89℃	28～32本

*厚生労働省 令和元年「国民健康・栄養調査報告」より

① いろいろな情報を集める耳

ハムスターの耳は、ヒトには聞こえない、高周波や超音波の音も聞きとることができます。さまざまな敵や環境の変化から身を守るために、耳がすぐれているのです。

耳から入ってくる情報によって、近づいてくる動物に気づいたり、仲間の居場所を確認したりしています。

② 前足とうしろ足は役目がちがう

ハムスターの前足とうしろ足を見てみましょう。指の数や形が少しちがっています。前足では、4本の指を使ってものをつかんだり、穴をほったりします。ものをもち上げるときは、両手ではさむように動かします。

うしろ足では、地面をけって前に進んだり、ふみしめてまっすぐ立ったりします。

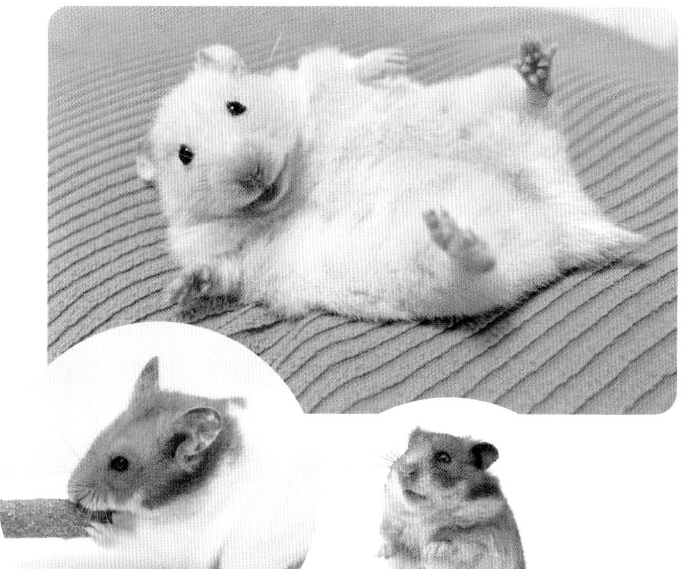

前足でつかんで食べる。

うしろ足で立ち上がる。

ヒトとハムスターの年齢の比較

ヒト	7歳	15歳	18歳	25歳	30歳	60歳	90歳
ハムスター	1か月	2か月	3か月	6か月	1歳	2歳	3歳

ハムスターの1日がヒトの3か月ほど

2～3歳が平均寿命

ハムスターの状態を見てみよう

定期的にチェックしておこう

チェックシート

① 耳

- ピンと横向きに立っている。
- よごれていない。
- 傷や切れ目がない。

② 目

- ひとみがキラキラしている。
- まぶたがしっかりと開いている。
- 目の周りがかわいている。

③ 口

- ４本の前歯がしっかりかみ合っている。
- 口の周りによごれがない。
- よだれをたらしていない。

④ 足

- つめがまっすぐにのびている。
- つめがかけたり、折れたりしていない。
- ４本の足を動かして歩き、よろけたり、足を引きずったりしない。

⑤ 皮ふ・毛

- さわるとやわらかい。
- 毛につやがある。
- 毛がぬけてまだらになっているところがない。
- フケが出ていない。

⑥ おしり・フン

- おしりがよごれていない。
- フンが黒っぽく、だ円の形をしている。
- フンがかわいている。

ハムスターが健康な状態なのか、よく調べる習慣をつけましょう。
チェックシートを参考に観察してみてください。

ハムスターの病気を知ろう

ハムスターがかかりやすい病気

- 皮ふの病気
- 全身性の病気
- 眼の病気
- 腫瘍
- 消化器の病気

『アニコム家庭どうぶつ白書 2022』をもとに作成

体が小さいハムスターは、野生では敵におそわれたり食べられたりする立場にあります。そのため、体が弱っていてもかくす習性があり、飼い主が病気に気づきにくいといわれています。しかし、皮ふの病気や腫瘍は、しこりがあったり、皮ふが赤くなったりするため、体をさわると気づくことができます。

左の表にある病気のほかに、ハムスターならではの、ほお袋の病気もあります。ほお袋に菌が入って炎症を起こすと、ほお袋が腫れ、口からとび出してしまいます。

眼の病気　結膜炎

眼ヤニやなみだが出たり、目が赤くなったりします。毛づくろいが原因のこともありますが、ハムスターは目にゴミなどが入ると前足でこするため、結膜に炎症が起きやすいのです。

歯・口の中の病気　不正咬合

4本の前歯がのびすぎて、かみ合わせが悪くなる病気です。食事の内容が適切でないときや歯ぐきの病気、老化でかたいごはんが食べられないことが原因で起きます。口が閉じられず、よだれをたらすなどの症状が見られます。

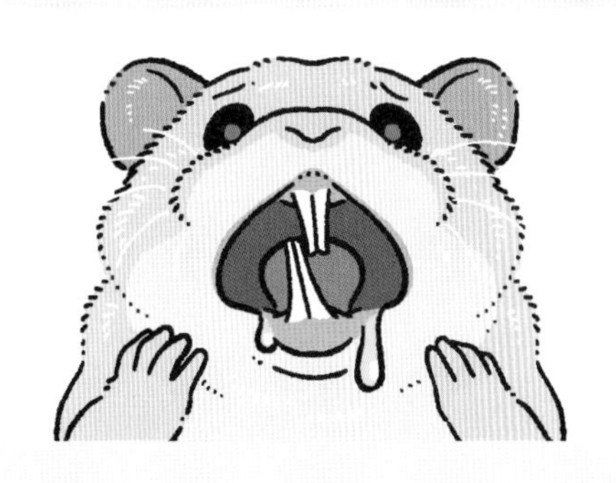

これって病気？

目が開かない

なみだや眼ヤニがたまって目が開かなくなっているのを見たら、病院に相談します。まぶたの腫れにも注意が必要です。

こんな病気かも

さまざまな原因による体調不良、眼やまぶたの病気　など

食べにくそうにしている

歯のかみ合わせが悪いなど、歯や口の中に原因があるのかもしれません。

歯の病気、ほお袋の病気　など

しっぽやおしりがよごれている

においの強い水っぽいげりを見たら、ウェットテイルとよばれる状態かもしれません。命の危険があるので急いで病院に連れていきます。

さまざまな原因による腸の病気　など

くしゃみをしている

感染やアレルギー、異物などで炎症を起こしているのかもしれません。

歯や鼻、のどの病気　など

ハムスターの体の具合は、一目見ただけではわかりづらいですが、なにげないしぐさや行動から、病気のサインを読みとることができるかもしれません。日ごろから気をつけて見るようにしましょう。

しこりがある

何かできものがあると気づいたら、病院に相談しましょう。

皮ふの病気　など

歩きにくそう

脳の機能に問題がある場合や、ケージ内などでのけがも考えられます。

脳や神経の病気、骨や筋肉の病気　など

疑似冬眠に注意

ハムスターは急に気温が下がることに弱い生きものです。室内温度が10℃以下になると体温が下がり、呼吸もゆっくりになって動かなくなります。冬眠しているような状態なので「疑似冬眠」といわれますが、正しくは低体温症といいます。

エネルギーを使わないようにしている状態で、そのまま死んでしまうこともあります。体をゆっくりと温めて、目覚めさせてあげましょう。

動物病院で健康チェック

1 問診・身体検査

ふだんの状態を飼い主に聞いて、体を確認

健診を受けるのは、ゴールデンハムスターのオス。飼い主は、ハムスターの年齢や品種、性格、飼育環境、ごはんの種類などを先生に伝えます。先生は、栄養状態に問題がないか、しこりがないかなどをさわって確かめます。

2 視診・聴診

体の様子や内臓の音をチェック

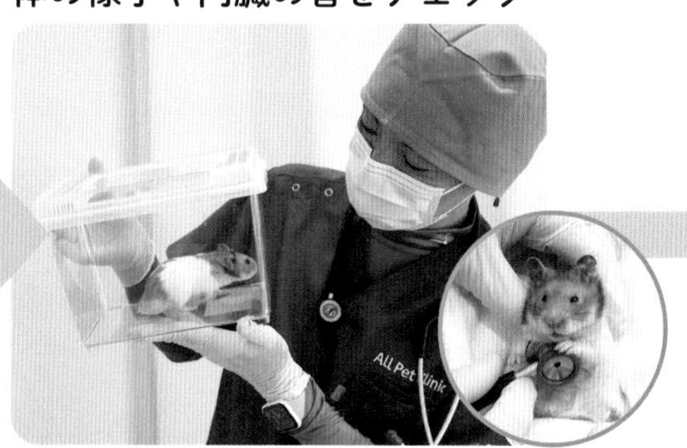

ハムスターを透明のケースに移して、体の様子を目で見て確認します。毛並みや皮ふに異常がないか、手足の動きが乱れていないかなどを見ます。小さな聴診器を当てて、心臓の音や呼吸の状態もチェックします。

5 CT検査

体を輪切りにしたようにさつえい

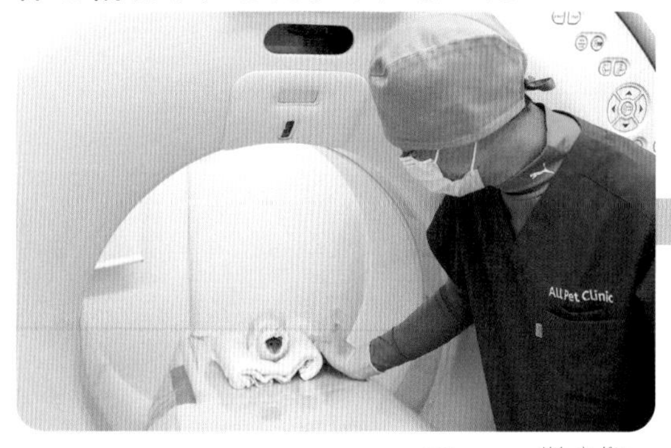

ハムスターをタオルでやさしく包んで、検査台に乗せます。動いてしまうときは、麻酔をしてからスタートします。CT検査では、レントゲンや超音波では検査ができない部分も、すみずみまでさつえいして確認することができます。

6 結果説明

結果を聞いて、病気が見つかれば治療

診察室で検査の結果を聞きます。ハムスターを飼うときの注意点や、育て方についても相談することができます。ハムスターがかかる病気はさまざまです。健康診断で病気が見つかったら、薬が出されることもあります。

ハムスターは警戒心が強く、ストレスを感じやすい生きものなので、健康診断は大切です。元気に動きまわるため、動かないように気をつけながら、なるべく短い時間で進めていきます。

＊検査内容は病院によってことなります。

③ 口の中をチェック

歯のかみ合わせは大丈夫？

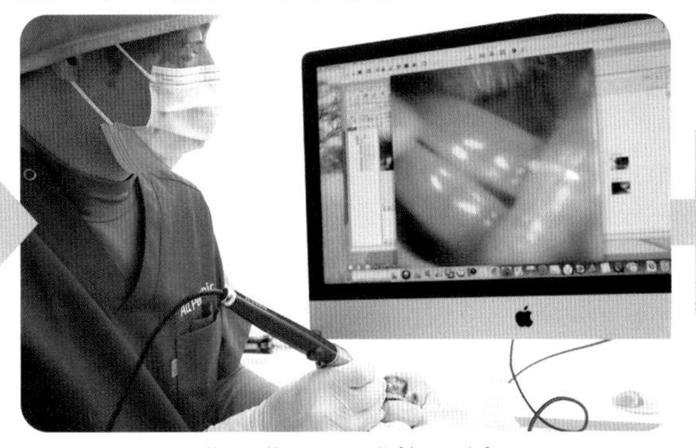

ハムスターの歯や歯ぐきの状態を調べます。パソコンの画面に拡大した画像を映しながら、虫歯や歯の根っこに膿がないかチェックします。やわらかいごはんばかりあたえていると、歯がのび、かみ合わせが悪くなることがあります。

④ 便検査

うんちから体の不調がわかる

ハムスターのうんちをとり、色や形などから健康状態を確認します。ハムスターのうんちはかわいていてかたく、ポロポロと出てきます。手でとるのが難しい場合は、ガーゼを使ってとります。

ハムスターは、病気をかくす習性があるので、飼い主がパッと見ただけでは、体調が悪いことに気づけない場合が多いです。体重を量って記録した日誌や、病院での健診が長生きにつながります。

オールペットクリニック
平林雅和先生

災害に備える

地震や台風などの災害は突然やってきます。大切なハムスターの命を守るために、1週間くらいは生活できるように、キャリーケース、ごはんや水、床材、新聞紙などを準備しておきましょう。

ハムスターは環境の変化にとても敏感なだけでなく、温度の変化にとても弱い生きものです。キャリーケースにかぶせる布を準備するなど、寒さへの対策もしておくと安心です。

ハムスターのごはん

ペレットを主食にする

ハムスターの健康と長生きのために開発されたのが、種や木の実をくだいてかためたペレットです。栄養バランスのよいペレットを主食にしていれば､基本的にほかの食べものは必要ありません。

年をとってきたら、乳酸菌やビタミン、ミネラルをサプリメントでおぎなってあげると安心です。小松菜やニンジンなどの野菜でビタミンをとることもできますが、野菜はコミュニケーションを目的にあげるもので、栄養はペレットやサプリメントでとると理解しておきましょう。

ハムスターは夜行性の生きものです。ごはんは活発に動き出す、夕方ごろにあげるようにしましょう。

おやつはコミュニケーションとして

ハムスターは、ひまわりの種などの脂質、クッキーなどの砂糖、リンゴやバナナなどの果糖の多い食べものが大好きです。おいしそうに食べるので、ついたくさんあげたくなってしまいます。

たとえばゴールデンハスムターにペレット以外のおやつをあげる場合は、1回の量は1～2グラムほど、1週間に1～2回くらいにします。おやつは、ハムスターとコミュニケーションをとるためにあげるようにしましょう。

ハムスターを健康的に育てるためには、おいしいだけでなく、栄養バランスのよいごはんをあげることが大切です。毎日の食事について学びましょう。

太りすぎに注意

ハムスターの多くは、太りすぎると寿命が短くなる傾向があります。ごはんやおやつをあげすぎないように、食べる量の管理が必要です。

また、ハムスターの体重を量って管理することも大切です。ペレットやおやつは、グラム単位で重さを量り、太っていたら量を減らしたり、種類を見直したりしてあげる量やバランスを調整しましょう。

ごはんのときは、前歯の状態も観察して、食べ方から健康状態を確認するようにします。

口に入れたらキケン！

私たちが食べるものの中には、ハムスターが食べると命の危険があるものがあります。しっかりと覚えて、絶対にあげないように気をつけましょう。

また、部屋の中にも危険なものがたくさんあります。ハムスターを飼う部屋では、観葉植物やプランターで育てる野菜・くだものなどにも注意してください。

チンゲンサイなどの食べられる野菜も、いたんでいると腸の病気を起こします。冷蔵庫などで保管し、管理に気をつけましょう。

運動とお手入れ

ハムスターはいつも運動不足

野生のハムスターは、1日に5～20㎞も走るともいわれているため、ケージの中にいるとどうしても運動不足になってしまいます。運動不足だと体重がどんどん増えて、心臓や肝臓の病気になる可能性があります。また、糖尿病になる可能性も高まり、体に大きな負担がかかります。

飼い主が意識して、ハムスターを運動させることが、健康的な暮らしにつながるのです。

運動はケージの中に回し車を置くことが一般的。

体重を量って記録しよう

食事と運動に気をつけながら、1週間に1回は体重を量り、記録しておきましょう。ハムスターは元気に動き回るので、透明のプラスチックケースに入れて、はかりに乗せて量ります。ケースの重さの分は、後から引くと体重がわかります。

太ってしまったら、急に生活習慣を変えるのではなく、食事メニューやバランスを見直してみるなど、少しずつ改善していきましょう。

ハムスターの健康を守るために、適度な運動と体のお手入れが大事です。楽しく遊びながら体を動かせるようにして、太りすぎを予防しましょう。

室内での散歩は注意しよう

ハムスターの運動は、遊びながら運動ができるケージの中の回し車が中心です。もし、小動物用のサークルで室内に仕切りをつくることができるなら、その中にハムスターを放して、広い場所で散歩を楽しませてあげることができます。

しかし、サークル内で遊ばせるときは、サークルの外に出てしまったときのための対策をしておくことが必要です。カーテンや部屋のドアをしっかりしめ、にげ出さないように気をつけます。また、かじられるおそれのある電気コード類は、かくしておきましょう。

必要なときにブラッシング

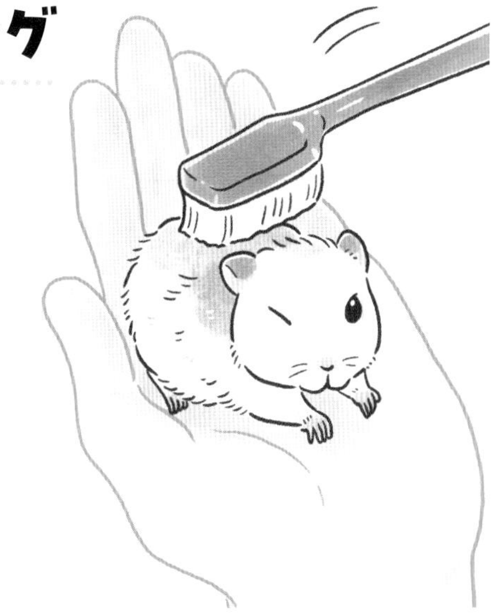

ハムスターは自分で毛づくろいをするため、ブラッシングは基本的に必要ありません。しかし、春と秋、毛が生えかわるために大量に毛がぬけるときや、毛の長いハムスターはブラシでといてあげましょう。毛並みにそって、やさしくなでるようにブラシを動かします。

背中を中心にブラッシングをしてみて、ハムスターがいやがらなければ、おなかや頭にもブラシをかけてあげましょう。

ハムスターの暮らしを守ろう

温度と湿度を管理する

私たちが夏バテをしたり、冬にかぜをひきやすいのと同じように、ハムスターも気温の差や湿度の変化によって体調をくずしてしまいます。そのため、ケージを置く部屋ではエアコンを使って、なるべく室内の温度や湿度を一定にすることが大切です。

ケージに最高最低温湿度計を置いてチェックしてもいいでしょう。湿度が高い時期は、よく換気して、ケージの中の空気も入れかえられると安心です。

オスとメスをいっしょに飼わない

ハムスターのオスとメスを同じケージで飼うことはやめましょう。特にゴールデンハムスターのメスは気が強く、ケンカになることが多いのです。

また、赤ちゃんがふえて、お世話ができなくなってしまうこともあります。1ぴきでケージに入れておくのはさみしそうに思うかもしれませんが、ハムスターのストレスを減らすためにも、ケージを別々にするようにしましょう。

ハムスターは、周りの環境に敏感な生きものです。心地よくすごせるように、飼い主が気をつけることがあります。

ケージはたなの上へ

ハムスターは、音や空気の流れを感じとる能力が高く、ヒトの足音や振動などにも反応してしまいます。ケージは、1m程度の高さのあるたなの上に置いてあげると、安心して暮らせるでしょう。

たなの位置は、エアコンの風が直接当たる場所や、テレビの近く、直射日光の当たる窓のそばなどはさけます。ハムスターのほかにイヌやネコなどのペットを飼っている場合は、ぜったいに近づけないように、ケージを置く部屋のドアをきちんとしめるなど気をつけましょう。

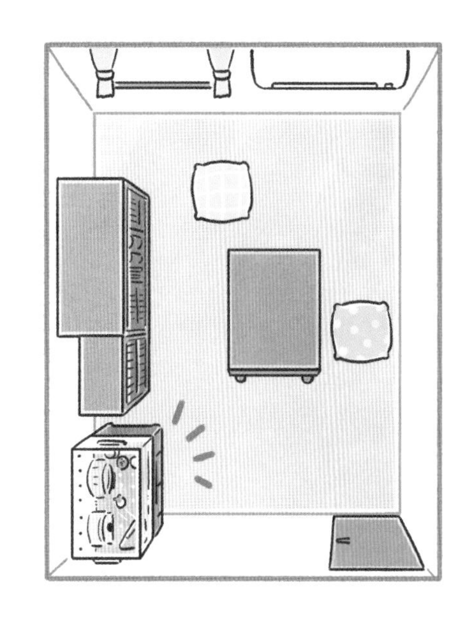

そうじをしながら健康チェック

ハムスターは、ごはんを床材の下などにかくす習性があります。かくしていたものがくさって菌やカビが発生すると、病気になる可能性が高くなります。1日1回はトイレの砂やよごれた床材をそうじして、きれいな状態を心がけましょう。きれい好きな動物なので、ストレスを減らすことにも役立ちます。

床材やトイレのそうじのときには、うんちの色やにおいがいつもと変わらないか、おしっこは変な色やにおいがしていないか、ごはんを食べこぼしていないかなど、注意して見るようにしましょう。

教えて！獣医さん

トリやハムスターの動きや生態のふしぎについて、
平林先生に質問してみました。

みんなの質問にこたえるよ。

トリ編

Q1

インコはどうしておしゃべりできるの？

A1

インコは鳴き声で仲間とコミュニケーションをとります。すべてのインコがおしゃべりするとは限りませんが、「鳴管」という声を出す器官があって、これを使って飼い主の言葉をまねてコミュニケーションをとっているのです。

Q2

卵をあたためているのにヒナにならないのはどうして？

A2

メスが産む卵は2種類あります。オスと交尾をして産む有精卵と、メスだけで産む無精卵です。無精卵の場合は、あたためてもヒナにはなりません。無精卵は、飼い主をパートナーだと思って産んでいることもあります。

Q3

羽が生えかわるときもトリは飛べるの？

A3

おとなのトリ（成鳥）の羽は、古くなると水をはじく力などが落ちてくるため、定期的に生えかわります。飛ぶときに使う「風切羽」は、1～2本ずつ左右が同じように抜けて生えかわるので、飛べなくなることはありません。

ハムスター編

Q1

どんなときにうしろ足で立ち上がるの？

A1

小さい体を大きく見せるためだったり、遠くまで見るためだったりしますが、周りを警戒しているときに立ち上がっています。さらに、キョロキョロしたり、耳をすまし、鼻をひくひくさせて、周りの情報を集めています。

Q2

ほお袋に入れたものはどうやって食べるの？

A2

ほお袋に食べものをためこんでエサを確保するのは、本能的な行動です。ほお袋がいっぱいになると、巣箱の中や床材にはき出しています。はき出す前にねむりながら食べていることもあります。

Q3

ケージをのぞくとよくねているのはどうして？

A3

ハムスターは、夕方ごろに起きて夜中に活動する生きものです。野生では、敵が少ない時間にエサを探して活動していたからです。みんなが起きている昼間にねむっているので、よくねている印象があるのかもしれませんね。

トリもハムスターも観察していると、わかることがたくさんありますよ！

監修 平林雅和（ひらばやし・まさかず）

オールペットクリニック院長、獣医師。祖父の代から100年続く動物病院の家庭に育ち、2016年に新しくオールペットクリニックを開院。「動物にとっての一番の幸せ」を飼い主と一緒に考え、悩みながら日々治療にあたる。東日本大震災時には「石巻動物救護センター」の設立・運営に携わったほか、数々のメディアへの協力・出演をするなど多岐にわたり活動を行う。

おもな参考文献・サイト

『インコ・ブンチョウ 手のりの小鳥楽しみ方BOOK』（磯崎哲也著／木下隆敏写真／成美堂出版）
『学研の図鑑 LIVE イヌ・ネコ・ペット』（今泉忠明ほか監修／学研プラス）
『カラーアトラス エキゾチックアニマル哺乳類編第3版』（霍野晋吉、横須賀 誠著／緑書房）
『建築知識』2018年9月号（エクスナレッジ）
『コンパニオンバードの病気百科』（小嶋篤史著／誠文堂新光社）
『文鳥のヒミツ』（海老沢和荘・グラフィック社編集部著／グラフィック社）
『いちばんよくわかる！　ハムスターの飼い方・暮らし方』（青沼陽子監修／成美堂出版）
『飼い方・気持ちがよくわかる　かわいいハムスターとの暮らし方』（三輪恭嗣著／ナツメ社）
『はじめてのハムスター 飼い方・育て方』（岡野祐士・今泉忠明監修／学研プラス）
『小学生でも安心！ かわいいハムスターの飼い方・育て方』（大庭秀一監修／メイツ出版）
みんなのどうぶつ病気大百科（獣医師監修）
https://www.anicom-sompo.co.jp/doubutsu_pedia/

知っておこう！　いっしょに暮らす動物の健康・病気のこと
トリ・ハムスター

2024年1月5日発行　第1版第1刷 ©

監　修　平林 雅和
発行者　長谷川 翔
発行所　株式会社 保育社
〒532-0003
大阪市淀川区宮原3－4－30
ニッセイ新大阪ビル16F
TEL 06-6398-5151　FAX 06-6398-5157
https://www.hoikusha.co.jp/
企画制作　株式会社メディカ出版
TEL 06-6398-5048（編集）
https://www.medica.co.jp/
編集担当　中島亜衣／二畠令子／佐藤いくよ
編集協力　株式会社ワード
執　筆　片倉まゆ／有川日可里（株式会社ワード）
装　幀　梅林なつみ（株式会社ワード）
本文デザイン　佐藤紀久子（株式会社ワード）
本文イラスト　いきものだものイラストレーション
サキザキナリ／フクイサチヨ
撮　影　尾崎たまき（p12-13, p30-31, p38-39）
写真提供　PIXTA ／ PHOTO AC ／ photo library
協　力　オールペットクリニック
校　閲　大西寿男（ぽっと舎）
印刷・製本　日経印刷株式会社

ISBN978-4-586-08669-6　Printed and bound in Japan